Bibliografische Information der Deutschen Nationalbibliothek:

Die Deutsche Bibliothek verzeichnet diese Publikation in der Deutschen Nationalbibliografie; detaillierte bibliografische Daten sind im Internet über http://dnb.d-nb.de/ abrufbar.

Impressum:

Copyright © 2015 GRIN Verlag, Open Publishing GmbH
Druck und Bindung: Books on Demand GmbH, Norderstedt Germany
ISBN: 9783668624177

Dieses Buch bei GRIN:

https://www.grin.com/document/388215

Patrick Ubik

Wissen in der globalen Ökonomie und die Bedeutung von Forschung und Entwicklung

GRIN Verlag

Universität zu Köln Wintersemester 2014/15

Wirtschafts- und Sozialwissenschaftliche Fakultät

Wirtschafts- und Sozialgeographisches Institut

Seminar zur Wirtschaftsgeographie

Thema der Hausarbeit:

Wissen in der globalen Ökonomie und die Bedeutung von Forschung und Entwicklung (R&D)

Vorgelegt von Patrick Ubik

BA Regionalstudien Lateinamerika

Abgabetermin 27.01.2015

Inhalt

1. Einleitung

Bezüglich des Seminars zur Wirtschaftsgeographie möchte ich die Hausarbeit in der Nähe meines vorgetragenen Referatsthemas „Wissen in der globalen Ökonomie, Wissenschaftlich-Technisches Wissen & die Wissensgesellschaft“ ansiedeln. Um dem breiten Spektrum dieses Themas einen Leitfaden, beziehungsweise ein Ziel vorzugeben, bot sich mir nach der Recherchearbeit die Gelegenheit, die vorliegende Ausarbeitung wie folgt zu strukturieren:

Da *Wissen* im Zentrum meiner Arbeit stehen soll, sehe ich es als naheliegend zu Beginn eine Verbindung zum Seminar herzustellen, indem erst einmal die Frage geklärt wird, wo der Zusammenhang zwischen Wissen und der Wirtschaftsgeographie liegt.

Von dieser Grundlage aus werde ich zum Wissen in der globalen Ökonomie übergehen und diesbezüglich den Wissensbegriff ausdifferenzieren. Das heißt, ich werde verschiedene Herangehensweisen zum Verständnis vom Konzept Wissen erläutern. Research & Development (R&D) oder Forschung und Entwicklung, ist unter anderen eine dieser Interpretationen von Wissen, die in der globalen Ökonomie eine bestimmte Rolle einnimmt. Um nachvollziehen zu können, welche Bedeutung der Forschung und Entwicklung in der globalen Ökonomie und im heutigen Zeitgeist beizumessen ist – was hier die Leitfrage darstellen soll – , werde ich den stattgefundenen Wandel zu einer Wissensgesellschaft nahelegen. Abschließend sollen die Ergebnisse in einem Fazit zusammengefasst werden.

2. Wissen im wirtschaftsgeographischen Kontext

Die Wirtschaftsgeographie kann als eine Verbindung von Geographie und Wirtschaftswissenschaften angesehen werden. Hierbei geht es zum einen um wirtschaftliche Prozesse, zum anderen werden diese in ihrer räumlichen Dimension analysiert. Anders ausgedrückt kann man also sagen, dass die Wirtschaftsgeographie eine disziplinäre Schnittstelle zwischen der Wirtschaft und dem Raum darstellt (vgl. Springer 2013, S. 144). Zu den genannten wirtschaftlichen Prozessen bzw. Aktivitäten gehören ebenso Akteure, die in den jeweiligen Wirtschaftsräumen auf verschiedenen Ebenen agieren (ebd., S. 144). Im handlungs-und akteursorientierten Ansatz sind Akteure, wie zum Beispiel Individuen, Unternehmen oder Organisationen im Mittelpunkt, wobei ihr Handeln als Ursache für räumliche Strukturwandlungen gesehen wird (ebd., S. 148).

In jüngerer Zeit wird in der Wirtschaftsgeographie den Relationen mehr Aufmerksamkeit geschenkt. Das heißt, dass ökonomisches Handeln als ein soziales Handeln verstanden wird, das in konkrete Strukturen eingebunden ist. Es werden also nichtmehr räumliche Strukturen isoliert betrachtet, sondern es werden akteursgebundene Merkmale der wirtschaftlichen Räumlichkeit untersucht (ebd., S. 148). Als Resultat der Relationen zwischen den Akteuren kommen beispielsweise ökonomische Innovationen, unternehmensübergreifende Organisationsformen oder Prozesse des kollektiv-institutionellen Lernens zu Stande (ebd., S 148). Das kollektiv-institutionelle Lernen sei hier ein Synonym für Wissen oder Wissenserweiterung, die scheinbar in der Wirtschaftsgeographie eine Relevanz aufweist. Wie vorher schon angesprochen, geht es in der Wirtschaftsgeographie um soziales Handeln, das wirtschaftlich von Bedeutung ist. Es gilt also im nächsten Abschnitt nachzuprüfen, welche Position Wissen oder *knowledge* im Zusammenhang mit wirtschaftlichen Prozessen unter Berücksichtigung des Raumaspekts einnimmt. Ein Kernproblem unserer Gesellschaft seien die räumlichen Ungleichgewichte (Disparitäten), zu denen sowohl die Wirtschafts-und Sozialwissenschaft als auch die Geographie Lösungsansätze bieten. In der Wirtschaftsgeographie werden die Interessen vereint, indem eine zunehmende Aufmerksamkeit an der Entstehung und den Auswirkungen räumlicher Ballungen wirtschaftlicher Aktivitäten (Cluster) entsteht (vgl. Liefner 2012, S. 10).

3. Wissen in der globalen Ökonomie

In der Ökonomie ist wirtschaftliches Wachstum von zentraler Bedeutung. Doch wie kommt es zu Wirtschaftswachstum? Die traditionelle Annahme ist zunächst, dass es durch zusätzliche Investitionen zu einer Produktivitätssteigerung kommt, die wiederum eine Einnahmeerhöhung zur Folge hat (vgl. Meusburger 2013, S. 3). Es wird ebenso unterstellt, dass seit jeher Wissen eine treibende Kraft für Wirtschaftswachstum und soziale Entwicklung ist (Fuchs 2014, S. 17). Es wird also ein Zusammenhang zwischen dem Erlangen von Wissen und dem wirtschaftlichen Handeln gesehen (vgl. Meusburger 2013, S. 3). Wenn man die Bedeutung sowohl von Investition, als auch von Wissen heranzieht, kristallisiert sich in diesem Kontext die Erkenntnis heraus, dass Wissen als eine wertvolle wirtschaftliche Investition verstanden werden darf. Marshall unterstreicht mit folgender Aussage die Wichtigkeit von Wissen für die wirtschaftliche Produktion: „Knowledge is our most powerful engine of pruduction; it enebles us to subdue nature and force her to satisfy our wants" (Marshall 1890/1920, S. 115).

Es stellt sich nun die Frage, welcher Zusammenhang zwischen den jeweiligen Wirtschaftsakteuren und dem Thema Wissen besteht. Wer sind diese Wirtschaftsakteure? Fuchs spricht diesbezüglich von multinationalen Firmen, wie zum Beispiel der Automobil- oder Elektronikindustrien (vgl. Fuchs 2014, S. 17). Diese haben Interesse daran, ihre Produktion anspruchsvoll zu gestalten und ihre Mitarbeiter gut auszubilden (ebd., S. 3). Man kann also annehmen, dass eine gut ausgebildete Arbeitskraft das Fundament für die Qualitäts- und/oder Produktionssteigerung bildet, was wiederum zu der Annahme führt, dass für eine gut ausgebildete Arbeitskraft die Bereitstellung von Wissen von hoher Bedeutung ist.

Die Firmen produzieren und agieren heutzutage auf internationaler Ebene, was eine große transnationale Zusammenarbeit erfordert und ebenso grenzübergreifend starken Einfluss auf sozialpolitische Arrangements hat (ebd., S 4). Hier wird der Raumaspekt deutlich, der sich in diesem Kontext auch auf das Wissen in der globalen Ökonomie beziehen lässt, denn man spricht im Sinne der weltweiten Produktion beispielsweise vom „Global South" und vom „Global North". Zwischen diesen Räumen – die man sowohl geographisch, als auch im Hinblick auf wirtschaftliche Prozesse sehen kann – herrschen Arbeitsdynamiken, die hinsichtlich des Wissens eine bestimmte Charakteristik aufweisen (ebd., S. 3). Es gibt Hauptquartiere in Kernökonomien, dessen Positionen und Beziehungen zu den Jeweiligen Tochtergesellschaften dynamischen Veränderungen unterliegen, die auf Grund der Globalisierung neu definiert werden müssen (ebd., S. 3 f.). Die Beziehungen zwischen den globalen Firmen sind zu dem von unterschiedlichen Rahmenbedingungen der jeweiligen Produktionsstandorte geprägt. In Folge dessen können sich diese Beziehungen durch „outsourcing" und „offshoring" (Verlagerung unternehmerischer Funktionen und Prozesse ins Ausland) neu gestalten (ebd., S. 4). Da die Produktionsverbesserung der Firmen u.a. mit gut ausgebildeten Arbeitskräften in Verbindung steht, kann davon ausgegangen werden, dass das Erlangen von Wissen ebenso mit regionalen Dynamiken der Wirtschaft einhergeht. Denn weltweites Wissen wird im Kontext globaler Firmen, lokaler Arbeit und regionaler Entwicklung gekauft, verkauft, übertragen und gelagert (vgl. Fuchs 2014, S. 11).

In diesem Zusammenhang sind auch Innovationen für Firmen von großer Bedeutung. Wenn man Innovationen als einen kreativen Lösungsprozess für Probleme in der Firma ansieht, geht es den Unternehmen zunächst darum, die Probleme zu identifizieren, deren Lösung einen Zugewinn an Kompetenzen oder Wissen einbringt (Herstatt 2014, S. 40). Es muss bestimmt werden, wie man auf Wissen, dass sich innerhalb oder außerhalb der Unternehmensgrenzen befinden kann, effizient zugreifen kann, um es wirksam zu nutzen. Die erfolgreiche Nutzung dieses Wissens offenbart sich beispielsweise in neuen Produkten oder Services, neuen Geschäftsmodellen, organisationale Designs oder Prozessinnovationen (ebd., S. 40).

4. Interpretationen von Wissen

Die Sicht über das Thema Wissen war in früheren Zeiten eine andere, die die Rolle des Wissens in der Ökonomie zu simplifizieren und die Komplexität der räumlichen Ausbreitung von Wissen zu ignorieren vermochte (vgl. Meusburger 2013, S. 16).

Doch hat Wissen nun in der globalen Ökonomie und in der wirtschaftsgeographischen Literatur einen ausgeprägten Stellenwert angenommen. Wissen ist ein Konzept, dessen Beiträge auch in der Organisation von Firmen, dem internationalen Management aber auch in der Sozialwissenschaft anzusiedeln sind. Es ist nicht verwunderlich, dass eine Unmöglichkeit darin gesehen wird, die Facetten des Konzepts Wissen auf all ihren Ebenen aufzudecken (vgl. Fuchs 2014, S. 3). Dennoch sollten hier einige Herangehensweisen zu dem Konzept aufgeführt werden.

4.1. Wissen als Ware

Wissen kann zum einen als Ware betrachtet werden, mit dem, ähnlich wie mit materiellen Produktionsgütern, gehandelt werden kann. Um das ökonomische Wissen herum hat sich in jüngerer Zeit ein heterogener Sektor geformt, in dem das Wissen gekauft und verkauft wird. Fuchs spricht hier von sog. *Knowledge-intensive business services* (Fuchs 2014, S. 11). Zu diesem Sektor gehören Fachkenntnisse, Datenbanken oder Schulungen. Wissen als Ware kann ferner formal und kodifiziert sein, was zur Folge hat, dass es leicht im internationalen Handelsraum zu transportieren ist (ebd., S. 11). Meusburger stellt jedoch den Ansatz des Transports und der leichten Verfügbarkeit von kodifiziertem Wissen in Frage. Die Annahme, dass Je kodifizierter oder je mehr Öffentlichkeit das Wissen involviert, desto mobiler wird es, und einmal kodifiziert, steht es sofort und unabhängig vom Standort, den Firmen kostenlos zur Verfügung äußert Meusburger folgendes: „Making high-grade knowledge public and easily available does not automatically mean that it is understood and accepted. The quality and accuracy of codifying knowledge is only one side of the coin“ (Meusburger 2013, S. 16). Die andere Seite sind die kognitiven Fähigkeiten, Interessen, Motivationen, die Aufmerksamkeit, Emotionen und Vorurteile der potentiellen Rezipienten der jeweiligen Information und das soziale Milieu, in dem sie eingebunden sind (ebd., S.16). Ferner hängt die räumliche Ausbreitung von kodifiziertem Wissen mehr von den Fähigkeiten, den Erfahrungen und der kognitiven Prozesse der potentiellen Empfänger ab, als von dem Willen der Sender ihr Wissen zu teilen (ebd., S.16 f.). Meusburger ist der Meinung, dass das kodifizierte Wissen kategorisiert oder auf einer vertikalen Skala angelegt werden müsse, die zeigt, wie viel Wissen im Vorfeld von Nöten ist, um die angebotene Information zu verstehen und zu sehen wie viel Zeit und Geld es in Anspruch nähme, sich das relevante Wissen für das Verständnis der neuen Informationen anzueignen (vgl. Meusburger 2013, S. 17). Denn manches Wissen wird weltweit von nur 50 theoretischen Physikern verstanden. Der Rest der Weltbevölkerung hat nicht das nötige Vorwissen, das zum Verstehen der publizierten Informationen und dessen Integration in bereits vorhandenes Wissen führt (ebd., S. 17). Es wird also deutlich, dass für den gesamten Nachvollzug der räumlichen Ausbreitung von kodifiziertem Wissen ein interdisziplinärer Ansatz von Nöten ist, der bis hin zu Psychoanalytischen Methoden reicht. An dieser Stelle sei abschließend zum Thema kodifiziertes Wissen folgendes Zitat von Meusburger angebracht: „Scholars supporting the assumption that codified knowledge is a tradable good should not forget to mention between how many persons and between wich locations the specific knowledge is tradable. It makes a difference wether codified information is understood by 50, 10,000, or billions of people worldwide (ebd., S. 17).

Zu dem formalen, kodifizierten oder expliziten Wissen steht informales, hoch spezifisches und implizites Wissen, sog. *tacit knowledge,* gegenüber. Dieses Wissen ist schwerer zu übermitteln und erfordert daher eine sehr enge Zusammenarbeit mit den Klienten (vgl. Fuchs

2014, S. 11). So verkauft eine Firma beispielsweise nicht nur Equipment, sondern es besteht ebenso das Interesse an dem Wissen, das für die Benutzung dieser Produkte bzw. Technologie erforderlich ist (*Know-how*). In diesem Zusammenhang möchte ich das sog. Inkorporierte Wissen ansprechen, dass in Form von Verkörperung in der Objektivierten Technologie, aber auch in Personen steckt (ebd., S. 11).

Die Annahme, dass Objektive Wissen verkörpern, steht im Einklang mit Bourdieus Theorie zum sog. objektivierten Kulturkapital. Hierbei stellt das objektivierte Kulturkapital eine Reihe von Eigenschaften dar, die sich nur durch seine Beziehung zum inkorporierten, verinnerlichten Kulturkapital – in diesem Fall Wissen – bestimmen lassen. Hier heißt es: „Kulturelles Kapital ist materiell übertragbar, auf dem Wege über seine materiellen Träger (z. B. Schriften, Gemälde, Denkmäler, Instrumente usw.)" (Bourdieu 1983, S. 187.). Bevor ich im Abschnitt 4.3. noch einmal auf Bourdieus Kapitalbegriff zu sprechen komme, soll im nächsten Textabschnitt Wissen als Ressource dargestellt werden.

4.2. Wissen als Ressource

Ressourcenforschung befasst sich mit der Analyse der Knappheit und Verteilung von Rohstoffen und Ressourcen, ihres Einsatzes in der Wirtschaft, ihrer Regenerierbarkeit (Recycling), Erkundung und Bewertung der Gewinnungs-, Transport und Nutzungsrisiken(Springer 2013, S. 145). Die Definition von Ressource kann auch auf das Wissenskonzept angewandt werden. Wissen kann im Hinblick auf seine Verfügbarkeit knapp sein. Das heißt im Umkehrschluss, dass der Zugang der Firmen zum Wissen in Form von seltenen Kompetenzen, teuren Technologien, Forschung und Entwicklung oder Patenten Wettbewerbsvorteile zur Folge hat (vgl. Fuchs 2014, S. 12). Wissen als Ressource beinhaltet auch, dass es sich von materiellen Ressourcen in der Hinsicht unterscheidet, als dass es sich fortwährend verändert. Diese Art von Ressource muss erlernt werden, wobei das Lernen in Relationen und Kontexten stattfindet und somit das Wissen eine evolutionäre Dynamik erfährt, da es bei seiner ständiger Produktion und Reproduktion zu neuen Ergebnissen kommt (ebd., S. 12). Des Weiteren besteht ein Unterschied von Wissen zu materiellen Ressourcen darin, dass es nicht durch reines Ansammeln wächst, sondern durch die Weitergabe, wodurch neue Erkenntnisse gewonnen werden. Man kann es also so interpretieren, dass hier eher die Anzahl derer, die im Besitz von Wissen oder Kompetenzen sind, steigt. Wissen scheint sich interessanterweise durch Weitergabe zu wachsen, und nicht durchs lagern oder horten (ebd., S. 12). Im Gegensatz zum Wissen, dass sich innovativ gestaltet, gibt es auch standardisiertes Wissen. Ein Beispiel seien hier Prozeduren in einer Firma, die als verankerte Verhaltensmuster sich wiederholen lassen und die Lösung für ein bestimmtes Problem darstellen. Sogenannte Routinen dienen der Zeiteinsparung und organisationalen Funktionen (ebd., S. 12).

4.3. Wissen als Kapital

Da Lernen Zeit in Anspruch nimmt und man für spezielles Wissen Geld bezahlen muss, kann man Wissen auch als Kapital ansehen (ebd., S. 12). Kapital deshalb, da es den Wert der Investition in sich trägt. Bourdieu spricht hauptsächlich von drei Kapitalsorten: Dem ökonomischen, kulturellen und sozialen Kapital. Diese können unter dem Aufwand an "*Transformationsarbeit*“ (Bourdieu 1983, S. 195) ineinander transformiert werden (vgl. Bourdieu 1986, S. 242). Wissen kann in diesem Zusammenhang in ökonomisches Kapital, sprich finanziellen Wert umgewandelt, und in Form von Besitzrechten oder Qualifikationen institutionalisiert werden. Das heißt Wissen als Kulturkapital kann mit dem Bildungsgrad gleichgesetzt werden, der genutzt werden kann, um Geld bzw. ökonomisches Kapital zu erlangen. Auch das Wissen als Sozialkapital kann unter bestimmten Bedingungen zu ökonomischen Kapital führen, da es die Verfügbarkeit an sozialen Kontakten darstellt, die für den Gewinn von ökonomischen Kapital hilfreich sein können (ebd., S. 243).

4.4. Star of knowledge and interpretation

Eine weitere Herangehensweise Wissen als Konzept darzustellen, ist der *“Star of knowledge and interpretation”*. In ihm ist das Wissen in vier Dimensionen angelegt. Nämlich zum einen das subjective und das objektivierte Wissen, wobei das subjective Wissen beim Ursprung derer liegt, die es generieren. Damit sind beispielsweise die Manager an oberster Stelle gemeint, die Wissen in Form von Objekten an einen Empfänger adressieren (vgl. Fuchs 2014, S. 14.). Eine weitere Ebene stellt Wissen als “practice and pattern” (ebd., S.14) dar. Bei “practice” handelt es sich um eine Anschaffung oder Aneignung von Wissen, also der Prozess des aktiven Lernens wohingegen “pattern” meint, dass ganze Denkmuster schon internalisiert sind und einen nützlichen Effekt haben, wie zum Beispiel das korrekte Benehmen in einem zeitgenössischen Unternehmen (ebd., S.14). Eine dritte Dimension stellt die Frage danach, ob das

Wissen exklusiv oder geteilt ist. Hierbei ist das exklusive Wissen nur einem ausgewählten Publikum durch eingeschränkten Zugang vorbehalten. Ergebnisse der Forschung und Entwicklung werden durch Patente oder andere intellektuelle Eigentumsrechte geschützt. Dem gegenüber ist geteiltes Wissen jenes, das der Öffentlichkeit als Gut zur Verfügung steht (ebd., S. 14). Die letzte Dimension ist die des wissenschaftlich-technischen Wissens und diverser Typen und Interpretationen von Wissen, die davon abweichen. Wissenschaftlich-technisches Wissen ist – wie wir im weiteren Verlauf der Arbeit sehen werden - für die Ökonomie von hoher Bedeutung. Diese Form des Wissens ist jedoch nicht die einzige und neuere Erkenntnisse über das Konzept des Wissens zeigen, dass es Wissen gibt, das sich weit hinter des wissenschaftlich-technischen Wissens verbirgt. Es sind kognitive und mentale Konstrukte, wie „Shared visions" und „patterns of interpretation" (ebd., S. 14).

5. Der Wandel zur Wissensgesellschaft

Um zu verstehen warum heutzutage das Wissen einen derartigen Stellenwert in unserer Gesellschaft hat, erscheint es mir wichtig den historischen Hintergrund ein wenig zu beleuchten. Man kann sagen, dass eine Umlagerung von der reinen materiellen und industriellen Produktion hin zu einer primär serviceorientierten Wirtschaft stattgefunden hat (vgl. Fuchs 2014, S. 20). Man spricht heutzutage von einer sog. Wissensgesellschaft, in der das Erlangen von Wissen einen immer höheren Stellenwert einnimmt. Ein Impuls für eine derartige Entwicklung war die Abhandlung des kalten Krieges, in dem ein Wettrennen um eine wissenschaftlich-technische Vormachtstellung zwischen den Weltmächten von Ost und West zu beobachten ist (ebd., S. 20). Das Durchdringen der Gesellschaft durch Wissenschaft geht einher mit den Gelegenheiten für Unternehmen oder gar Nationen eine bessere Position im Wettbewerb zu erlangen. Somit wird Wissen zum wichtigsten Baustein für Innovationen von Unternehmen, sodass derer technologischen Errungenschaften die Gesellschaft mit einbindet und durchdringt (vgl. Adam u. Westlund 2013, S. 1 f.). Die Wissensgesellschaft scheint heutzutage ein Synonym für wirtschaftliche und soziale Entwicklung zu sein (vgl. Fuchs 2014, S. 20).
Doch was gilt als Wissen und was nicht? Hayek merkt an, dass es Wissen gibt, welches unorganisiert ist und hinter den generellen Regeln steht: „But a little reflection will show that there is beyond question a body of very important but unorganized knowledge wich cannot possibly be called scientific in the sense of knowledge of general rules: the knowledge of particular circumstances of time and place" (Hayek 1945, S. 521). Es scheint hier also all jenes Wissen gemeint zu sein, das institutionell nicht als wissenschaftliches Wissen anerkannt wird.

Fuchs verweist ebenso auf eine Überschätzung der Wissenschaft in Relation zur weiterhin bestehenden Wichtigkeit von Handarbeit und der Herstellung materieller Güter (vgl. Fuchs 2014. S. 21).

6. Die Bedeutung von R&D

Forschung und Endwicklung oder auch Research and Development (R&D) ist ein kognitives Konzept des Wissens für sich, das mit wissenschaftlich-technischem Fortschritt in Verbindung gebracht werden darf (vgl. Fuchs 2014, S. 17). Wissenschaftlich-technisches Wissen trägt dazu bei unsere Welt zu verstehen und sie zu einem gewissen Grad zu kontrollieren (ebd., S. 17). Es bringt ökonomische, soziale und kulturelle Entwicklung mit sich, zum Beispiel in der Medizin oder in der Entwicklung von Technologien. Ergebnisse aus der Forschung und Entwicklung haben neue Einsichten und Anwendungen zur Folge, die experimentell prüfbar sind (ebd., S. 17). An dieser Stelle möchte ich eine Verbindung von Forschung und Entwicklung zu dessen Bedeutung in der Ökonomie herstellen. Meusburger spricht die enorme Wichtigkeit eines Wissens- und Informationsvorsprungs an, die vor allem auch von Unternehmen im technologischen Bereich betont wird (vgl. Meusburger 2013, S. 17 f.). Es gibt zum einen sogenannte Alltagsinformationen, die von den meisten Menschen mit nicht allzu hoher Qualifikation verstanden werden kann (ebd., S. 17). Die Forschung und Entwicklung ist für Firmen und Unternehmen gerade deshalb so bedeutsam, da es seltenes Wissen generiert, dass für die Wettbewerbsfähigkeit von hoher Bedeutung ist: „It is not widely distributed everyday knowledge that contributes to a person's or organization's economic competitiveness but rather the command of scarce knowledge or a head start in knowledge (ebd., S. 18). Des Weiteren ist der Zeitpunkt, zu dem das Wissen entsteht oder erlangt wird, für die Unternehmen von erheblicher Bedeutung, da sich der Wert verschiedener Typen von Wissen mit der Zeit ändert (ebd., S. 18). Mit dem wissenschaftlich-technischen Wissen und dessen Ausbreitung gibt es jedoch auch gewisse Kritikpunkte, die in diesem Kontext angeführt werden sollten. Zum einen kann man sagen, dass mit dem Wissenszuwachs auch neue Felder eröffnet werden, in denen es wenig bzw. gar kein Wissen gibt. Paradoxerweise steigt mit zunehmendem Wissen also auch das Unwissen. Dieses Unwissen hat negative Effekte auf die Verantwortung für die Technologien oder dessen Kontrolle (vgl. Fuchs 2014, S. 18). Zu Beginn meiner Arbeit verwies ich auf räumliche Disparitäten, die ebenso im Zusammenhang mit dem wirtschaftlichen Wettbewerb und dessen Hunger auf Wissensvorsprünge stehen. Folgendes Zitat soll verdeutlichen, dass es auch Benachteiligte an den Innovationen bzw. am

Wissenszuwachs in der heutigen Gesellschaft gibt: „Many regions (especially peripheral ones) are unable to profit from processes of modernization or transformation only because their population lacks the educational attainment, professional skills, experience, organizational capacities, or research facilities required for early successful change" (Meusburger 2013, S. 17 f.).

7. Zusammenfassung/Fazit

Das Verständnis von Wissen selbst wurde in der Wirtschaftsgeographie immer weiter ausdifferenziert. Es wird als Ware, Ressource oder Kapital angesehen, das räumliche Dynamiken aufzeigt. Es geht beispielsweise von den Produzenten und ihrem subjektiven Verständnis in objektivierter Form über zu einem Adressaten. Ökonomisch relevantes Wissen, wie Ergebnisse aus der Forschung und Entwicklung (R&D) dient dem Wachstum bzw. den Unternehmen anhand eines Vorsprungs anderen Firmen gegenüber. Des Weiteren kann behauptet werden, dass eine zunehmende Wissensgesellschaft entstanden ist, die den Anspruch hat, Wissen zu erlangen bzw. zu generieren und somit Innovationen auf den Markt zu bringen. Materielle Produktion und jenes Wissen, das über wissenschaftlich-technisches Wissen hinaussteht, tendieren dazu unterschätzt zu werden.

Ferner sollte die Modernisierung durch Forschung und Entwicklung zwiespältig gesehen werden. Zum einen wird dadurch die Wirtschaft am Leben erhalten. Doch stellt sich zum anderen die Frage, ob gerade durch den Wettbewerbsvorteil, der durch Wissensvorsprung entsteht, sich die Wissenszentren nicht immer weiter von den Peripherien entfernen, und ob diese eine Chance haben einen Anschluss zu finden.

Literatur

Adam, F. und Westlund, H. (2013): Introduction: The meaning and importance of socio-cultural context for innovation performance. In: Innovation in Socio-Cultural Context, New York u. London: Routledge, 25-39.

Bourdieu, Pierre (1983): Ökonomisches Kapital, kulturelles Kapital, soziales Kapital. In: Reinhard Kreckel (Hrsg.), »Soziale Ungleichheiten« (*Soziale Welt* Sonderband 2), Göttingen, S. 183-198.

Bourdieu, Pierre (1986): The forms of capital. In: Handbook of Theory and Research for the Sociology of Education, ed. by J.G. Richardson. New York, Westport and London: Greenwood Press, 241-58.

Fuchs, Martina (2014): Worldwide Knowledge? : Global Firms, Local Labour and the Region. United Kingdom: Ashgate.

Herstatt, Cornelius (2014): Innovationen durch Wissenstransfer: Mit Analogien schneller und kreativer Lösungen entwickeln. In: Herstatt, Cornelius ; Kalogerakis, Katharina ; Schulthess, Marc (Hrsg.), Wiesbaden: Springer Fachmedien Wiesbaden.

Liefner, Ingo; Schätzl, Ludwig (2012): Theorien der Wirtschaftsgeographie. In: UTB; 782: Wirtschaftswissenschaften, Geographie; Wirtschaftsgeographie. 10. Aufl. Paderborn: Schöningh.

Mashall, Alfred (1920): Principles of Economics: Palgrave Classics in Economics. United Kingdom: Palgrave Macmillan.

Meusburger, Peter (2013): Knowledge and the economy. In: Peter Meusburger, Johannes Glückler, Martina el Meskioui, Hrsg.: Knowledge and space, 5. Band. Dordrecht: Springer.

Springer Fachmedien Wiesbaden (2013): 222 Keywords Wirtschaftsgeografie: Grundwissen für Wirtschaftswissenschaftler und -praktiker. Wiesbaden: Springer Fachmedien Wiesbaden.